DAY 1

Name: Time: Score:

1) 29 − 14

2) 96 − 63

3) 85 − 41

4) 68 − 16

5) 75 − 22

6) 55 − 44

7) 76 − 52

8) 46 − 20

9) 91 − 10

10) 96 − 33

11) 98 − 44

12) 89 − 37

13) 97 − 86

14) 67 − 43

15) 57 − 22

16) 89 − 23

17) 75 − 21

18) 62 − 51

19) 68 − 27

20) 68 − 52

 # DAY 2

Name: Time: Score:

1) 81 − 30

2) 53 − 22

3) 34 − 10

4) 78 − 61

5) 96 − 31

6) 56 − 23

7) 47 − 10

8) 76 − 63

9) 56 − 20

10) 86 − 75

11) 83 − 70

12) 54 − 20

13) 98 − 50

14) 59 − 32

15) 89 − 47

16) 93 − 72

17) 69 − 37

18) 95 − 23

19) 51 − 30

20) 72 − 10

DAY 3

Name: Time: Score:

1)   88
   − 21

2)   87
   − 51

3)   41
   − 30

4)   75
   − 44

5)   64
   − 52

6)   67
   − 41

7)   69
   − 27

8)   96
   − 51

9)   97
   − 60

10) 84
   − 50

11) 73
   − 50

12) 88
   − 32

13) 99
   − 20

14) 77
   − 41

15) 88
   − 27

16) 69
   − 46

17) 47
   − 35

18) 55
   − 40

19) 89
   − 21

20) 46
   − 21

DAY 4

Name: Time: Score:

1) 44 − 11

2) 37 − 13

3) 46 − 11

4) 75 − 10

5) 67 − 16

6) 46 − 30

7) 88 − 45

8) 88 − 12

9) 35 − 23

10) 49 − 21

11) 89 − 45

12) 52 − 11

13) 87 − 21

14) 88 − 40

15) 61 − 50

16) 47 − 24

17) 57 − 32

18) 97 − 61

19) 93 − 82

20) 94 − 70

DAY 5

Name: Time: Score:

1) 99 − 34
2) 96 − 15
3) 29 − 13
4) 99 − 53

5) 77 − 11
6) 98 − 60
7) 79 − 22
8) 62 − 21

9) 78 − 30
10) 59 − 12
11) 28 − 11
12) 76 − 42

13) 68 − 53
14) 59 − 15
15) 74 − 20
16) 97 − 13

17) 97 − 14
18) 72 − 60
19) 79 − 50
20) 82 − 11

DAY 6

Name: Time: Score:

1) 62 − 10

2) 84 − 51

3) 77 − 35

4) 75 − 53

5) 69 − 35

6) 56 − 35

7) 87 − 26

8) 54 − 10

9) 86 − 60

10) 80 − 20

11) 79 − 42

12) 92 − 70

13) 59 − 11

14) 62 − 20

15) 51 − 40

16) 86 − 51

17) 84 − 23

18) 60 − 10

19) 73 − 61

20) 33 − 22

DAY 7

Name: Time: Score:

1) 46 − 30

2) 68 − 37

3) 46 − 21

4) 89 − 30

5) 83 − 61

6) 75 − 63

7) 68 − 56

8) 64 − 21

9) 78 − 62

10) 34 − 23

11) 86 − 65

12) 78 − 17

13) 97 − 54

14) 45 − 31

15) 64 − 13

16) 89 − 44

17) 72 − 41

18) 68 − 32

19) 99 − 48

20) 25 − 11

DAY 8

Name:　　　　　　　Time:　　　　　　　Score:

1) 67 − 43

2) 77 − 53

3) 92 − 40

4) 73 − 61

5) 54 − 42

6) 78 − 34

7) 39 − 14

8) 78 − 13

9) 76 − 42

10) 91 − 30

11) 94 − 73

12) 89 − 38

13) 26 − 10

14) 96 − 22

15) 78 − 65

16) 97 − 22

17) 36 − 20

18) 84 − 71

19) 65 − 53

20) 94 − 70

DAY 9

Name: Time: Score:

1) 29 − 14

2) 96 − 63

3) 85 − 41

4) 68 − 16

5) 75 − 22

6) 55 − 44

7) 76 − 52

8) 46 − 20

9) 91 − 10

10) 96 − 33

11) 98 − 44

12) 89 − 37

13) 97 − 86

14) 67 − 43

15) 57 − 22

16) 89 − 23

17) 75 − 21

18) 62 − 51

19) 68 − 27

20) 68 − 52

DAY 10

Name: Time: Score:

1) 88 − 21

2) 87 − 51

3) 41 − 30

4) 75 − 44

5) 64 − 52

6) 67 − 41

7) 69 − 27

8) 96 − 51

9) 97 − 60

10) 84 − 50

11) 73 − 50

12) 88 − 32

13) 99 − 20

14) 77 − 41

15) 88 − 27

16) 69 − 46

17) 47 − 35

18) 55 − 40

19) 89 − 21

20) 46 − 21

DAY 11

Name: Time: Score:

1) 67 − 43

2) 77 − 53

3) 92 − 40

4) 73 − 61

5) 54 − 42

6) 78 − 34

7) 39 − 14

8) 78 − 13

9) 76 − 42

10) 91 − 30

11) 94 − 73

12) 89 − 38

13) 26 − 10

14) 96 − 22

15) 78 − 65

16) 97 − 22

17) 36 − 20

18) 84 − 71

19) 65 − 53

20) 94 − 70

DAY 12

Name: Time: Score:

1) 97 − 72

2) 88 − 20

3) 74 − 63

4) 99 − 18

5) 54 − 20

6) 69 − 50

7) 85 − 60

8) 58 − 21

9) 99 − 76

10) 62 − 21

11) 87 − 62

12) 88 − 32

13) 98 − 66

14) 34 − 12

15) 79 − 65

16) 66 − 24

17) 92 − 70

18) 88 − 50

19) 94 − 20

20) 60 − 50

DAY 13

Name: Time: Score:

1) 44 − 11

2) 37 − 13

3) 46 − 11

4) 75 − 10

5) 67 − 16

6) 46 − 30

7) 88 − 45

8) 88 − 12

9) 35 − 23

10) 49 − 21

11) 89 − 45

12) 52 − 11

13) 87 − 21

14) 88 − 40

15) 61 − 50

16) 47 − 24

17) 57 − 32

18) 97 − 61

19) 93 − 82

20) 94 − 70

DAY 14

Name:　　　　　　　Time:　　　　　　　Score:

1)　26
　− 11

2)　55
　− 11

3)　96
　− 51

4)　56
　− 42

5)　67
　− 24

6)　76
　− 10

7)　98
　− 32

8)　97
　− 10

9)　75
　− 44

10)　87
　− 11

11)　72
　− 21

12)　68
　− 23

13)　92
　− 41

14)　85
　− 43

15)　58
　− 27

16)　44
　− 30

17)　43
　− 11

18)　89
　− 14

19)　82
　− 10

20)　99
　− 84

DAY 15

Name: Time: Score:

1) 86 − 13

2) 91 − 30

3) 86 − 12

4) 98 − 43

5) 64 − 43

6) 67 − 21

7) 63 − 40

8) 94 − 71

9) 58 − 31

10) 75 − 60

11) 74 − 30

12) 95 − 81

13) 58 − 40

14) 83 − 32

15) 65 − 10

16) 88 − 61

17) 98 − 30

18) 67 − 22

19) 65 − 23

20) 58 − 35

DAY 16

Name: Time: Score:

1) 99 − 34

2) 96 − 15

3) 29 − 13

4) 99 − 53

5) 77 − 11

6) 98 − 60

7) 79 − 22

8) 62 − 21

9) 78 − 30

10) 59 − 12

11) 28 − 11

12) 76 − 42

13) 68 − 53

14) 59 − 15

15) 74 − 20

16) 97 − 13

17) 97 − 14

18) 72 − 60

19) 79 − 50

20) 82 − 11

DAY 17

Name: Time: Score:

1) 62 − 10

2) 84 − 51

3) 77 − 35

4) 75 − 53

5) 69 − 35

6) 56 − 35

7) 87 − 26

8) 54 − 10

9) 86 − 60

10) 80 − 20

11) 79 − 42

12) 92 − 70

13) 59 − 11

14) 62 − 20

15) 51 − 40

16) 86 − 51

17) 84 − 23

18) 60 − 10

19) 73 − 61

20) 33 − 22

DAY 18

Name: Time: Score:

1) 83 − 50

2) 39 − 15

3) 67 − 31

4) 79 − 33

5) 97 − 51

6) 66 − 50

7) 49 − 32

8) 52 − 21

9) 89 − 36

10) 98 − 25

11) 69 − 56

12) 85 − 51

13) 47 − 35

14) 68 − 24

15) 67 − 30

16) 29 − 15

17) 53 − 42

18) 80 − 50

19) 96 − 64

20) 86 − 31

DAY 19

Name:　　　　　　　Time:　　　　　　　Score:

1) 96 − 82

2) 71 − 30

3) 97 − 55

4) 99 − 10

5) 97 − 81

6) 42 − 31

7) 79 − 65

8) 98 − 10

9) 46 − 33

10) 45 − 24

11) 72 − 10

12) 29 − 18

13) 87 − 31

14) 97 − 40

15) 54 − 31

16) 38 − 10

17) 56 − 22

18) 86 − 40

19) 57 − 35

20) 38 − 17

DAY 20

Name: Time: Score:

1) 68
  − 23

2) 97
  − 83

3) 45
  − 11

4) 65
  − 52

5) 90
  − 40

6) 84
  − 62

7) 71
  − 20

8) 84
  − 50

9) 45
  − 21

10) 73
  − 31

11) 57
  − 13

12) 66
  − 51

13) 79
  − 12

14) 49
  − 18

15) 56
  − 22

16) 65
  − 31

17) 88
  − 27

18) 67
  − 12

19) 57
  − 46

20) 28
  − 17

DAY 21

Name: Time: Score:

1) 67 − 26

2) 93 − 82

3) 84 − 71

4) 88 − 17

5) 65 − 54

6) 64 − 11

7) 97 − 32

8) 58 − 23

9) 68 − 54

10) 78 − 52

11) 79 − 12

12) 96 − 44

13) 81 − 40

14) 70 − 20

15) 90 − 10

16) 56 − 43

17) 68 − 53

18) 75 − 32

19) 68 − 46

20) 87 − 41

DAY 22

Name: Time: Score:

1) 88 − 52
2) 95 − 54
3) 52 − 31
4) 89 − 10

5) 71 − 30
6) 85 − 71
7) 52 − 41
8) 65 − 51

9) 88 − 16
10) 85 − 12
11) 98 − 36
12) 98 − 71

13) 95 − 82
14) 86 − 12
15) 98 − 55
16) 58 − 40

17) 97 − 36
18) 65 − 30
19) 54 − 32
20) 68 − 34

DAY 23

Name:　　　　　　Time:　　　　　　Score:

1) 56 − 45

2) 82 − 61

3) 39 − 10

4) 89 − 36

5) 97 − 31

6) 56 − 33

7) 86 − 52

8) 97 − 80

9) 87 − 55

10) 89 − 44

11) 76 − 44

12) 83 − 21

13) 68 − 51

14) 94 − 40

15) 89 − 47

16) 37 − 14

17) 53 − 11

18) 32 − 21

19) 24 − 12

20) 89 − 68

DAY 24

Name: Time: Score:

1) 93 − 62

2) 54 − 21

3) 59 − 38

4) 96 − 32

5) 85 − 44

6) 49 − 13

7) 69 − 28

8) 36 − 15

9) 47 − 16

10) 68 − 35

11) 67 − 31

12) 66 − 12

13) 55 − 31

14) 36 − 20

15) 68 − 27

16) 64 − 53

17) 76 − 51

18) 89 − 22

19) 66 − 25

20) 37 − 12

DAY 25

Name: Time: Score:

1) 84 − 53

2) 73 − 60

3) 73 − 22

4) 77 − 20

5) 76 − 64

6) 64 − 31

7) 77 − 23

8) 49 − 14

9) 98 − 61

10) 84 − 41

11) 29 − 18

12) 99 − 13

13) 38 − 15

14) 58 − 12

15) 48 − 30

16) 74 − 23

17) 47 − 14

18) 68 − 17

19) 65 − 23

20) 49 − 35

DAY 26

Name: Time: Score:

1) 44 − 12

2) 96 − 30

3) 93 − 62

4) 45 − 22

5) 89 − 71

6) 79 − 61

7) 78 − 10

8) 56 − 15

9) 88 − 42

10) 57 − 32

11) 39 − 15

12) 77 − 53

13) 91 − 70

14) 54 − 41

15) 59 − 46

16) 86 − 21

17) 49 − 26

18) 54 − 20

19) 95 − 62

20) 87 − 76

DAY 27

Name: Time: Score:

1)   71
   − 30
   ____

2)   94
   − 51
   ____

3)   98
   − 13
   ____

4)   99
   − 71
   ____

5)   47
   − 35
   ____

6)   69
   − 43
   ____

7)   64
   − 13
   ____

8)   58
   − 10
   ____

9)   93
   − 32
   ____

10) 79
   − 41
   ____

11) 99
   − 45
   ____

12) 89
   − 22
   ____

13) 89
   − 50
   ____

14) 58
   − 33
   ____

15) 69
   − 33
   ____

16) 86
   − 43
   ____

17) 54
   − 33
   ____

18) 87
   − 62
   ____

19) 87
   − 50
   ____

20) 99
   − 40
   ____

DAY 28

Name:　　　　　　　Time:　　　　　　　Score:

1)　　56　　　2)　　66　　　3)　　97　　　4)　　98
　− 14　　　　− 15　　　　− 40　　　　− 85

5)　　68　　　6)　　87　　　7)　　85　　　8)　　99
　− 52　　　　− 31　　　　− 12　　　　− 63

9)　　26　　　10)　　88　　　11)　　90　　　12)　　42
　− 15　　　　− 14　　　　　− 70　　　　　− 30

13)　　31　　　14)　　89　　　15)　　67　　　16)　　68
　− 10　　　　　− 34　　　　　− 50　　　　　− 23

17)　　48　　　18)　　98　　　19)　　88　　　20)　　92
　− 12　　　　　− 71　　　　　− 65　　　　　− 50

DAY 29

Name: Time: Score:

1) 75 − 34

2) 69 − 48

3) 84 − 53

4) 86 − 20

5) 46 − 10

6) 37 − 21

7) 29 − 13

8) 44 − 11

9) 97 − 62

10) 69 − 45

11) 88 − 54

12) 94 − 82

13) 28 − 13

14) 20 − 10

15) 86 − 61

16) 65 − 44

17) 87 − 74

18) 63 − 10

19) 98 − 34

20) 78 − 41

DAY 30

Name: Time: Score:

1) 56 − 32

2) 27 − 15

3) 96 − 41

4) 84 − 62

5) 94 − 30

6) 79 − 40

7) 77 − 43

8) 96 − 55

9) 59 − 18

10) 66 − 43

11) 76 − 42

12) 97 − 64

13) 66 − 30

14) 86 − 33

15) 56 − 42

16) 38 − 14

17) 87 − 15

18) 90 − 10

19) 99 − 72

20) 92 − 81

DAY 31

Name: Time: Score:

1) 96 − 32

2) 88 − 16

3) 98 − 74

4) 57 − 12

5) 55 − 22

6) 59 − 12

7) 97 − 43

8) 59 − 46

9) 99 − 58

10) 99 − 16

11) 67 − 14

12) 58 − 31

13) 65 − 20

14) 78 − 42

15) 49 − 32

16) 85 − 40

17) 64 − 53

18) 24 − 13

19) 68 − 10

20) 79 − 33

DAY 32

Name: Time: Score:

1)
   67
 − 26
 ____

2)
   93
 − 82
 ____

3)
   84
 − 71
 ____

4)
   88
 − 17
 ____

5)
   65
 − 54
 ____

6)
   64
 − 11
 ____

7)
   97
 − 32
 ____

8)
   58
 − 23
 ____

9)
   68
 − 54
 ____

10)
   78
 − 52
 ____

11)
   79
 − 12
 ____

12)
   96
 − 44
 ____

13)
   81
 − 40
 ____

14)
   70
 − 20
 ____

15)
   90
 − 10
 ____

16)
   56
 − 43
 ____

17)
   68
 − 53
 ____

18)
   75
 − 32
 ____

19)
   68
 − 46
 ____

20)
   87
 − 41
 ____

DAY 33

Name: Time: Score:

1) 67 − 26

2) 93 − 82

3) 84 − 71

4) 88 − 17

5) 65 − 54

6) 64 − 11

7) 97 − 32

8) 58 − 23

9) 68 − 54

10) 78 − 52

11) 79 − 12

12) 96 − 44

13) 81 − 40

14) 70 − 20

15) 90 − 10

16) 56 − 43

17) 68 − 53

18) 75 − 32

19) 68 − 46

20) 87 − 41

DAY 34

Name:　　　　　Time:　　　　　Score:

1) 72 − 10

2) 85 − 60

3) 93 − 11

4) 64 − 40

5) 66 − 21

6) 97 − 30

7) 99 − 42

8) 98 − 40

9) 78 − 16

10) 98 − 85

11) 72 − 60

12) 55 − 42

13) 68 − 37

14) 88 − 31

15) 83 − 20

16) 98 − 54

17) 99 − 73

18) 85 − 33

19) 88 − 50

20) 63 − 12

DAY 35

Name: Time: Score:

1) 72 − 10
2) 85 − 60
3) 93 − 11
4) 64 − 40

5) 66 − 21
6) 97 − 30
7) 99 − 42
8) 98 − 40

9) 78 − 16
10) 98 − 85
11) 72 − 60
12) 55 − 42

13) 68 − 37
14) 88 − 31
15) 83 − 20
16) 98 − 54

17) 99 − 73
18) 85 − 33
19) 88 − 50
20) 63 − 12

DAY 36

Name: Time: Score:

1) 72 − 10

2) 85 − 60

3) 93 − 11

4) 64 − 40

5) 66 − 21

6) 97 − 30

7) 99 − 42

8) 98 − 40

9) 78 − 16

10) 98 − 85

11) 72 − 60

12) 55 − 42

13) 68 − 37

14) 88 − 31

15) 83 − 20

16) 98 − 54

17) 99 − 73

18) 85 − 33

19) 88 − 50

20) 63 − 12

DAY 37

Name: Time: Score:

1) 46 − 15

2) 71 − 20

3) 48 − 17

4) 66 − 45

5) 71 − 40

6) 95 − 82

7) 67 − 36

8) 88 − 44

9) 89 − 41

10) 58 − 17

11) 99 − 74

12) 38 − 25

13) 28 − 10

14) 34 − 10

15) 97 − 13

16) 64 − 12

17) 21 − 10

18) 95 − 10

19) 78 − 42

20) 85 − 51

DAY 38

Name: Time: Score:

1) 46 − 15

2) 71 − 20

3) 48 − 17

4) 66 − 45

5) 71 − 40

6) 95 − 82

7) 67 − 36

8) 88 − 44

9) 89 − 41

10) 58 − 17

11) 99 − 74

12) 38 − 25

13) 28 − 10

14) 34 − 10

15) 97 − 13

16) 64 − 12

17) 21 − 10

18) 95 − 10

19) 78 − 42

20) 85 − 51

DAY 39

Name: Time: Score:

1) 37 − 21

2) 29 − 16

3) 55 − 44

4) 65 − 54

5) 39 − 20

6) 96 − 13

7) 59 − 16

8) 89 − 12

9) 93 − 12

10) 88 − 60

11) 27 − 14

12) 35 − 14

13) 79 − 52

14) 88 − 24

15) 59 − 34

16) 47 − 21

17) 77 − 63

18) 67 − 55

19) 83 − 70

20) 83 − 12

DAY 40

Name:　　　　　　　Time:　　　　　　　Score:

1) 58 − 26

2) 48 − 31

3) 55 − 34

4) 44 − 10

5) 96 − 43

6) 87 − 10

7) 86 − 33

8) 96 − 23

9) 94 − 23

10) 84 − 10

11) 97 − 82

12) 64 − 11

13) 68 − 11

14) 98 − 67

15) 99 − 31

16) 73 − 50

17) 38 − 16

18) 96 − 75

19) 76 − 35

20) 34 − 23

DAY 41

Name: Time: Score:

1) 97 − 75

2) 96 − 55

3) 62 − 20

4) 21 − 10

5) 95 − 61

6) 96 − 52

7) 80 − 10

8) 79 − 25

9) 49 − 15

10) 37 − 16

11) 86 − 44

12) 99 − 11

13) 29 − 16

14) 64 − 53

15) 35 − 22

16) 58 − 45

17) 86 − 50

18) 69 − 34

19) 70 − 20

20) 46 − 12

DAY 42

Name: Time: Score:

1) 48 − 37

2) 89 − 74

3) 78 − 24

4) 68 − 57

5) 77 − 40

6) 77 − 51

7) 97 − 74

8) 77 − 35

9) 68 − 41

10) 45 − 13

11) 35 − 20

12) 96 − 42

13) 99 − 21

14) 48 − 23

15) 99 − 48

16) 72 − 21

17) 99 − 57

18) 99 − 18

19) 95 − 41

20) 81 − 10

DAY 43

Name: Time: Score:

1) 46 − 30

2) 59 − 31

3) 78 − 42

4) 79 − 57

5) 40 − 30

6) 34 − 21

7) 56 − 14

8) 97 − 46

9) 85 − 72

10) 85 − 21

11) 65 − 12

12) 95 − 34

13) 97 − 81

14) 49 − 21

15) 39 − 13

16) 66 − 34

17) 76 − 14

18) 95 − 11

19) 97 − 76

20) 66 − 33

DAY 44

Name: Time: Score:

1) 79 − 22

2) 77 − 24

3) 85 − 63

4) 88 − 26

5) 98 − 65

6) 89 − 21

7) 25 − 12

8) 76 − 32

9) 77 − 26

10) 86 − 13

11) 98 − 61

12) 42 − 10

13) 47 − 11

14) 53 − 31

15) 84 − 33

16) 97 − 14

17) 98 − 15

18) 96 − 84

19) 53 − 12

20) 34 − 11

DAY 45

Name: Time: Score:

1) 72 − 10

2) 85 − 60

3) 93 − 11

4) 64 − 40

5) 66 − 21

6) 97 − 30

7) 99 − 42

8) 98 − 40

9) 78 − 16

10) 98 − 85

11) 72 − 60

12) 55 − 42

13) 68 − 37

14) 88 − 31

15) 83 − 20

16) 98 − 54

17) 99 − 73

18) 85 − 33

19) 88 − 50

20) 63 − 12

DAY 46

Name: Time: Score:

1) 54 − 20

2) 75 − 13

3) 59 − 44

4) 84 − 50

5) 96 − 80

6) 86 − 53

7) 83 − 60

8) 97 − 31

9) 34 − 21

10) 87 − 14

11) 98 − 67

12) 87 − 26

13) 46 − 24

14) 59 − 38

15) 48 − 25

16) 53 − 30

17) 69 − 48

18) 66 − 32

19) 84 − 32

20) 88 − 63

DAY 47

Name: Time: Score:

1) 46 − 15

2) 71 − 20

3) 48 − 17

4) 66 − 45

5) 71 − 40

6) 95 − 82

7) 67 − 36

8) 88 − 44

9) 89 − 41

10) 58 − 17

11) 99 − 74

12) 38 − 25

13) 28 − 10

14) 34 − 10

15) 97 − 13

16) 64 − 12

17) 21 − 10

18) 95 − 10

19) 78 − 42

20) 85 − 51

DAY 48

Name: Time: Score:

1) 80 − 70

2) 98 − 24

3) 76 − 14

4) 88 − 66

5) 45 − 21

6) 63 − 41

7) 84 − 52

8) 68 − 32

9) 88 − 15

10) 74 − 41

11) 38 − 11

12) 84 − 32

13) 69 − 23

14) 37 − 21

15) 76 − 61

16) 42 − 21

17) 78 − 60

18) 67 − 54

19) 94 − 71

20) 29 − 15

DAY 49

Name: Time: Score:

1) 74 − 23

2) 87 − 12

3) 44 − 32

4) 88 − 51

5) 57 − 15

6) 84 − 70

7) 62 − 40

8) 88 − 53

9) 89 − 38

10) 64 − 41

11) 20 − 10

12) 79 − 54

13) 97 − 54

14) 88 − 10

15) 78 − 65

16) 39 − 21

17) 74 − 41

18) 46 − 30

19) 99 − 13

20) 88 − 45

DAY 50

Name: Time: Score:

1) 58 − 26

2) 48 − 31

3) 55 − 34

4) 44 − 10

5) 96 − 43

6) 87 − 10

7) 86 − 33

8) 96 − 23

9) 94 − 23

10) 84 − 10

11) 97 − 82

12) 64 − 11

13) 68 − 11

14) 98 − 67

15) 99 − 31

16) 73 − 50

17) 38 − 16

18) 96 − 75

19) 76 − 35

20) 34 − 23

DAY 51

Name:　　　　　Time:　　　　　Score:

1) 37 − 13

2) 78 − 14

3) 68 − 10

4) 78 − 22

5) 89 − 33

6) 96 − 82

7) 54 − 33

8) 76 − 65

9) 69 − 13

10) 83 − 40

11) 39 − 10

12) 42 − 21

13) 56 − 41

14) 80 − 20

15) 37 − 26

16) 88 − 51

17) 70 − 40

18) 79 − 24

19) 87 − 62

20) 99 − 12

# DAY 52

Name:　　　　　　　Time:　　　　　　　Score:

1)　76　　2)　69　　3)　60　　4)　69
  − 53　　　 − 24　　　 − 20　　　 − 52

5)　97　　6)　79　　7)　88　　8)　84
  − 11　　　 − 15　　　 − 45　　　 − 50

9)　63　　10)　82　　11)　83　　12)　72
  − 11　　　 − 70　　　 − 70　　　 − 31

13)　49　　14)　79　　15)　97　　16)　94
  − 33　　　 − 51　　　 − 32　　　 − 50

17)　79　　18)　94　　19)　86　　20)　87
  − 32　　　 − 73　　　 − 52　　　 − 60

DAY 53

Name: Time: Score:

1) 48
  − 37

2) 89
  − 74

3) 78
  − 24

4) 68
  − 57

5) 77
  − 40

6) 77
  − 51

7) 97
  − 74

8) 77
  − 35

9) 68
  − 41

10) 45
  − 13

11) 35
  − 20

12) 96
  − 42

13) 99
  − 21

14) 48
  − 23

15) 99
  − 48

16) 72
  − 21

17) 99
  − 57

18) 99
  − 18

19) 95
  − 41

20) 81
  − 10

DAY 54

Name: Time: Score:

1) 69
  − 20

2) 79
  − 22

3) 98
  − 27

4) 69
  − 11

5) 82
  − 70

6) 88
  − 50

7) 88
  − 63

8) 89
  − 78

9) 67
  − 23

10) 77
  − 53

11) 49
  − 27

12) 72
  − 10

13) 37
  − 15

14) 87
  − 55

15) 39
  − 20

16) 89
  − 58

17) 94
  − 63

18) 50
  − 40

19) 79
  − 41

20) 97
  − 55

DAY 55

Name:　　　　　　Time:　　　　　　Score:

1) 80 − 70

2) 98 − 24

3) 76 − 14

4) 88 − 66

5) 45 − 21

6) 63 − 41

7) 84 − 52

8) 68 − 32

9) 88 − 15

10) 74 − 41

11) 38 − 11

12) 84 − 32

13) 69 − 23

14) 37 − 21

15) 76 − 61

16) 42 − 21

17) 78 − 60

18) 67 − 54

19) 94 − 71

20) 29 − 15

DAY 56

Name:　　　　　Time:　　　　　Score:

1) 98 − 12

2) 59 − 41

3) 46 − 25

4) 28 − 11

5) 98 − 81

6) 91 − 20

7) 56 − 12

8) 87 − 71

9) 32 − 11

10) 88 − 15

11) 56 − 41

12) 65 − 13

13) 78 − 50

14) 99 − 68

15) 79 − 53

16) 86 − 44

17) 99 − 26

18) 43 − 31

19) 69 − 22

20) 96 − 54

DAY 57

Name: Time: Score:

1) 82 − 10

2) 48 − 15

3) 75 − 23

4) 38 − 25

5) 58 − 13

6) 59 − 47

7) 84 − 50

8) 96 − 33

9) 94 − 83

10) 59 − 30

11) 69 − 21

12) 57 − 30

13) 69 − 11

14) 48 − 13

15) 59 − 32

16) 95 − 83

17) 46 − 22

18) 68 − 57

19) 34 − 11

20) 89 − 40

 DAY 58

Name:　　　　　　　Time:　　　　　　　Score:

1)　79　　2)　97　　3)　54　　4)　79
　− 12　　　− 72　　　− 32　　　− 20

5)　79　　6)　99　　7)　78　　8)　84
　− 54　　　− 76　　　− 22　　　− 13

9)　84　　10)　65　　11)　82　　12)　95
　− 53　　　− 40　　　− 71　　　− 52

13)　82　　14)　43　　15)　49　　16)　67
　− 51　　　− 12　　　− 20　　　− 15

17)　86　　18)　56　　19)　49　　20)　58
　− 43　　　− 32　　　− 24　　　− 30

DAY 59

Name: Time: Score:

1) 93 − 80

2) 37 − 26

3) 58 − 15

4) 88 − 51

5) 67 − 12

6) 89 − 46

7) 86 − 35

8) 97 − 71

9) 78 − 65

10) 79 − 58

11) 69 − 20

12) 98 − 53

13) 69 − 58

14) 76 − 50

15) 57 − 26

16) 98 − 11

17) 42 − 10

18) 85 − 53

19) 93 − 51

20) 52 − 30

 DAY 60

Name: Time: Score:

1) 97 − 13

2) 95 − 80

3) 64 − 11

4) 87 − 52

5) 98 − 42

6) 42 − 31

7) 99 − 13

8) 75 − 53

9) 58 − 23

10) 69 − 16

11) 96 − 35

12) 56 − 41

13) 89 − 64

14) 38 − 16

15) 76 − 63

16) 77 − 45

17) 50 − 30

18) 96 − 31

19) 96 − 30

20) 56 − 35

DAY 61

Name: Time: Score:

1) 49
  − 32

2) 58
  − 22

3) 88
  − 21

4) 32
  − 20

5) 98
  − 17

6) 55
  − 33

7) 62
  − 31

8) 89
  − 40

9) 87
  − 31

10) 59
  − 23

11) 59
  − 31

12) 39
  − 25

13) 56
  − 15

14) 79
  − 22

15) 58
  − 31

16) 29
  − 16

17) 99
  − 17

18) 52
  − 41

19) 52
  − 40

20) 69
  − 34

DAY 62

Name: Time: Score:

1) 49 − 32

2) 58 − 22

3) 88 − 21

4) 32 − 20

5) 98 − 17

6) 55 − 33

7) 62 − 31

8) 89 − 40

9) 87 − 31

10) 59 − 23

11) 59 − 31

12) 39 − 25

13) 56 − 15

14) 79 − 22

15) 58 − 31

16) 29 − 16

17) 99 − 17

18) 52 − 41

19) 52 − 40

20) 69 − 34

DAY 63

Name: Time: Score:

1)
   49
− 32
―――

2)
   58
− 22
―――

3)
   88
− 21
―――

4)
   32
− 20
―――

5)
   98
− 17
―――

6)
   55
− 33
―――

7)
   62
− 31
―――

8)
   89
− 40
―――

9)
   87
− 31
―――

10)
   59
− 23
―――

11)
   59
− 31
―――

12)
   39
− 25
―――

13)
   56
− 15
―――

14)
   79
− 22
―――

15)
   58
− 31
―――

16)
   29
− 16
―――

17)
   99
− 17
―――

18)
   52
− 41
―――

19)
   52
− 40
―――

20)
   69
− 34
―――

DAY 64

Name: Time: Score:

1) 96 − 31
2) 78 − 63
3) 96 − 12
4) 95 − 41

5) 68 − 41
6) 99 − 37
7) 82 − 10
8) 97 − 12

9) 23 − 12
10) 98 − 76
11) 88 − 31
12) 49 − 12

13) 76 − 55
14) 45 − 31
15) 77 − 33
16) 69 − 51

17) 99 − 70
18) 89 − 70
19) 98 − 31
20) 67 − 55

DAY 65

Name: Time: Score:

1) 82   2) 99   3) 28   4) 76
  − 31   − 32   − 13   − 23

5) 55   6) 39   7) 89   8) 97
  − 41   − 14   − 65   − 32

9) 62   10) 87   11) 97   12) 76
  − 51   − 50   − 71   − 13

13) 44   14) 65   15) 30   16) 38
  − 31   − 40   − 10   − 14

17) 59   18) 48   19) 47   20) 65
  − 43   − 25   − 10   − 24

# DAY 66

Name: Time: Score:

1) 61
− 50

2) 84
− 31

3) 28
− 15

4) 36
− 10

5) 87
− 20

6) 73
− 30

7) 36
− 22

8) 38
− 10

9) 73
− 52

10) 45
− 34

11) 89
− 21

12) 64
− 33

13) 56
− 30

14) 99
− 21

15) 89
− 41

16) 39
− 15

17) 27
− 12

18) 48
− 33

19) 54
− 13

20) 85
− 61

DAY 67

Name: Time: Score:

1) 97 − 85

2) 96 − 52

3) 96 − 14

4) 98 − 34

5) 56 − 25

6) 69 − 36

7) 63 − 40

8) 28 − 13

9) 86 − 75

10) 62 − 20

11) 49 − 37

12) 98 − 40

13) 76 − 14

14) 44 − 13

15) 78 − 45

16) 86 − 15

17) 77 − 36

18) 79 − 27

19) 76 − 34

20) 77 − 45

DAY 68

Name: Time: Score:

1) 88 − 43

2) 54 − 32

3) 87 − 15

4) 97 − 51

5) 82 − 51

6) 88 − 45

7) 51 − 40

8) 69 − 55

9) 59 − 14

10) 83 − 70

11) 97 − 15

12) 65 − 34

13) 79 − 38

14) 98 − 41

15) 92 − 11

16) 46 − 15

17) 88 − 12

18) 94 − 71

19) 57 − 41

20) 78 − 54

DAY 69

Name: Time: Score:

1) 65 − 22

2) 98 − 72

3) 75 − 60

4) 77 − 65

5) 98 − 37

6) 65 − 31

7) 72 − 30

8) 84 − 32

9) 42 − 21

10) 67 − 53

11) 94 − 31

12) 79 − 27

13) 95 − 10

14) 82 − 31

15) 99 − 43

16) 99 − 70

17) 55 − 31

18) 78 − 40

19) 98 − 44

20) 69 − 28

DAY 70

Name: Time: Score:

1) 68 − 30

2) 78 − 17

3) 77 − 15

4) 64 − 31

5) 62 − 40

6) 76 − 10

7) 84 − 13

8) 43 − 22

9) 68 − 27

10) 76 − 53

11) 56 − 32

12) 75 − 30

13) 37 − 25

14) 98 − 26

15) 47 − 35

16) 61 − 40

17) 89 − 53

18) 59 − 28

19) 86 − 13

20) 69 − 25

DAY 71

Name: Time: Score:

1) 99 − 60

2) 98 − 47

3) 49 − 15

4) 50 − 30

5) 86 − 33

6) 73 − 62

7) 37 − 11

8) 88 − 34

9) 76 − 51

10) 94 − 43

11) 87 − 52

12) 75 − 61

13) 21 − 10

14) 86 − 51

15) 69 − 34

16) 88 − 21

17) 84 − 50

18) 69 − 36

19) 93 − 31

20) 54 − 41

DAY 72

Name: Time: Score:

1) 56 − 23

2) 49 − 36

3) 67 − 11

4) 89 − 62

5) 49 − 33

6) 55 − 23

7) 85 − 20

8) 69 − 31

9) 67 − 26

10) 88 − 30

11) 79 − 23

12) 86 − 65

13) 67 − 41

14) 93 − 51

15) 42 − 31

16) 99 − 50

17) 96 − 44

18) 58 − 27

19) 37 − 20

20) 89 − 76

DAY 73

Name: Time: Score:

1) 82 − 10

2) 48 − 15

3) 75 − 23

4) 38 − 25

5) 58 − 13

6) 59 − 47

7) 84 − 50

8) 96 − 33

9) 94 − 83

10) 59 − 30

11) 69 − 21

12) 57 − 30

13) 69 − 11

14) 48 − 13

15) 59 − 32

16) 95 − 83

17) 46 − 22

18) 68 − 57

19) 34 − 11

20) 89 − 40

DAY 74

Name: Time: Score:

1) 99 − 36

2) 99 − 26

3) 64 − 50

4) 75 − 54

5) 55 − 22

6) 94 − 50

7) 86 − 75

8) 85 − 41

9) 92 − 21

10) 69 − 23

11) 94 − 63

12) 77 − 23

13) 99 − 30

14) 89 − 32

15) 84 − 70

16) 96 − 85

17) 96 − 62

18) 39 − 15

19) 78 − 61

20) 94 − 41

DAY 75

Name: Time: Score:

1) 46 − 23

2) 41 − 30

3) 79 − 26

4) 85 − 43

5) 85 − 63

6) 89 − 34

7) 41 − 20

8) 47 − 21

9) 98 − 86

10) 59 − 41

11) 86 − 21

12) 67 − 46

13) 82 − 10

14) 75 − 31

15) 87 − 43

16) 98 − 12

17) 94 − 31

18) 76 − 15

19) 73 − 52

20) 48 − 31

DAY 76

Name: Time: Score:

1) 79 − 12

2) 97 − 72

3) 54 − 32

4) 79 − 20

5) 79 − 54

6) 99 − 76

7) 78 − 22

8) 84 − 13

9) 84 − 53

10) 65 − 40

11) 82 − 71

12) 95 − 52

13) 82 − 51

14) 43 − 12

15) 49 − 20

16) 67 − 15

17) 86 − 43

18) 56 − 32

19) 49 − 24

20) 58 − 30

DAY 77

Name: Time: Score:

1) 94 − 11

2) 58 − 34

3) 56 − 11

4) 67 − 31

5) 97 − 60

6) 22 − 10

7) 89 − 72

8) 98 − 14

9) 64 − 42

10) 77 − 24

11) 48 − 24

12) 78 − 57

13) 61 − 30

14) 62 − 30

15) 35 − 10

16) 42 − 10

17) 58 − 45

18) 58 − 41

19) 39 − 25

20) 74 − 10

DAY 78

Name:　　　　　　Time:　　　　　　Score:

1) 92 − 50

2) 78 − 14

3) 78 − 56

4) 77 − 56

5) 71 − 50

6) 99 − 48

7) 97 − 36

8) 85 − 41

9) 77 − 66

10) 62 − 41

11) 55 − 22

12) 96 − 71

13) 99 − 25

14) 76 − 20

15) 67 − 30

16) 56 − 35

17) 57 − 34

18) 69 − 23

19) 98 − 65

20) 89 − 45

DAY 69

Name:　　　　　　　Time:　　　　　　　Score:

1)　　65　　　2)　　98　　　3)　　75　　　4)　　77
　　− 22　　　　　− 72　　　　　− 60　　　　　− 65

5)　　98　　　6)　　65　　　7)　　72　　　8)　　84
　　− 37　　　　　− 31　　　　　− 30　　　　　− 32

9)　　42　　　10)　　67　　　11)　　94　　　12)　　79
　　− 21　　　　　− 53　　　　　− 31　　　　　− 27

13)　　95　　　14)　　82　　　15)　　99　　　16)　　99
　　− 10　　　　　− 31　　　　　− 43　　　　　− 70

17)　　55　　　18)　　78　　　19)　　98　　　20)　　69
　　− 31　　　　　− 40　　　　　− 44　　　　　− 28

DAY 80

Name: Time: Score:

1) 28
− 11

2) 59
− 42

3) 97
− 22

4) 78
− 15

5) 86
− 54

6) 95
− 20

7) 89
− 26

8) 79
− 32

9) 97
− 24

10) 89
− 27

11) 76
− 14

12) 87
− 23

13) 79
− 41

14) 64
− 12

15) 77
− 23

16) 68
− 34

17) 79
− 58

18) 67
− 25

19) 63
− 40

20) 97
− 41

DAY 81

Name: Time: Score:

1) 57 − 33

2) 67 − 51

3) 76 − 44

4) 93 − 30

5) 66 − 20

6) 87 − 75

7) 70 − 60

8) 78 − 12

9) 69 − 42

10) 99 − 64

11) 83 − 52

12) 95 − 12

13) 68 − 30

14) 76 − 63

15) 74 − 30

16) 92 − 10

17) 69 − 27

18) 37 − 24

19) 96 − 31

20) 97 − 35

DAY 82

Name: Time: Score:

1) 97 − 13

2) 95 − 80

3) 64 − 11

4) 87 − 52

5) 98 − 42

6) 42 − 31

7) 99 − 13

8) 75 − 53

9) 58 − 23

10) 69 − 16

11) 96 − 35

12) 56 − 41

13) 89 − 64

14) 38 − 16

15) 76 − 63

16) 77 − 45

17) 50 − 30

18) 96 − 31

19) 96 − 30

20) 56 − 35

DAY 83

Name: Time: Score:

1) 96 − 31

2) 78 − 63

3) 96 − 12

4) 95 − 41

5) 68 − 41

6) 99 − 37

7) 82 − 10

8) 97 − 12

9) 23 − 12

10) 98 − 76

11) 88 − 31

12) 49 − 12

13) 76 − 55

14) 45 − 31

15) 77 − 33

16) 69 − 51

17) 99 − 70

18) 89 − 70

19) 98 − 31

20) 67 − 55

DAY 84

Name:　　　　　　　Time:　　　　　　　Score:

1) 58 − 20

2) 34 − 21

3) 44 − 21

4) 37 − 26

5) 78 − 41

6) 60 − 40

7) 84 − 73

8) 97 − 84

9) 84 − 53

10) 50 − 30

11) 46 − 11

12) 74 − 33

13) 29 − 18

14) 75 − 30

15) 69 − 32

16) 49 − 12

17) 66 − 45

18) 49 − 14

19) 99 − 78

20) 98 − 62

DAY 85

Name: Time: Score:

1) 82 − 31

2) 99 − 32

3) 28 − 13

4) 76 − 23

5) 55 − 41

6) 39 − 14

7) 89 − 65

8) 97 − 32

9) 62 − 51

10) 87 − 50

11) 97 − 71

12) 76 − 13

13) 44 − 31

14) 65 − 40

15) 30 − 10

16) 38 − 14

17) 59 − 43

18) 48 − 25

19) 47 − 10

20) 65 − 24

DAY 86

Name: Time: Score:

1) 61 − 50

2) 84 − 31

3) 28 − 15

4) 36 − 10

5) 87 − 20

6) 73 − 30

7) 36 − 22

8) 38 − 10

9) 73 − 52

10) 45 − 34

11) 89 − 21

12) 64 − 33

13) 56 − 30

14) 99 − 21

15) 89 − 41

16) 39 − 15

17) 27 − 12

18) 48 − 33

19) 54 − 13

20) 85 − 61

DAY 87

Name: Time: Score:

1)
 93
- 30

2)
 87
- 62

3)
 95
- 24

4)
 79
- 62

5)
 99
- 63

6)
 89
- 35

7)
 76
- 55

8)
 87
- 75

9)
 44
- 31

10)
 85
- 30

11)
 99
- 34

12)
 79
- 51

13)
 85
- 51

14)
 68
- 40

15)
 93
- 42

16)
 55
- 22

17)
 60
- 10

18)
 79
- 66

19)
 84
- 60

20)
 96
- 53

DAY 88

Name: Time: Score:

1) 98   2) 38   3) 96   4) 96
  − 87   − 26   − 51   − 25

5) 69   6) 96   7) 64   8) 87
  − 41   − 75   − 10   − 55

9) 66   10) 77   11) 45   12) 66
  − 34   − 52   − 12   − 41

13) 85   14) 98   15) 77   16) 66
  − 53   − 53   − 45   − 14

17) 59   18) 99   19) 79   20) 87
  − 40   − 28   − 32   − 51

DAY 89

Name: Time: Score:

1) 97 − 36

2) 93 − 60

3) 87 − 20

4) 98 − 60

5) 96 − 82

6) 29 − 15

7) 83 − 20

8) 98 − 35

9) 95 − 31

10) 61 − 20

11) 86 − 33

12) 67 − 34

13) 25 − 14

14) 47 − 23

15) 36 − 13

16) 95 − 50

17) 65 − 24

18) 76 − 22

19) 98 − 67

20) 63 − 22

DAY 90

Name:　　　　　　　　Time:　　　　　　　　Score:

1)　98　　　2)　38　　　3)　96　　　4)　96
　− 87　　　　− 26　　　　− 51　　　　− 25

5)　69　　　6)　96　　　7)　64　　　8)　87
　− 41　　　　− 75　　　　− 10　　　　− 55

9)　66　　　10)　77　　　11)　45　　　12)　66
　− 34　　　　− 52　　　　− 12　　　　− 41

13)　85　　　14)　98　　　15)　77　　　16)　66
　− 53　　　　− 53　　　　− 45　　　　− 14

17)　59　　　18)　99　　　19)　79　　　20)　87
　− 40　　　　− 28　　　　− 32　　　　− 51

DAY 91

Name:　　　　　　　　Time:　　　　　　　　Score:

1) 89 − 11

2) 39 − 28

3) 87 − 43

4) 75 − 10

5) 68 − 17

6) 96 − 84

7) 88 − 53

8) 67 − 31

9) 44 − 23

10) 78 − 23

11) 88 − 64

12) 88 − 75

13) 54 − 42

14) 92 − 51

15) 79 − 65

16) 99 − 14

17) 96 − 61

18) 89 − 75

19) 92 − 10

20) 57 − 45

DAY 92

Name: Time: Score:

1) 87 − 45

2) 95 − 72

3) 59 − 37

4) 58 − 25

5) 95 − 42

6) 59 − 14

7) 97 − 13

8) 76 − 44

9) 92 − 70

10) 77 − 44

11) 97 − 81

12) 77 − 40

13) 96 − 11

14) 84 − 13

15) 32 − 20

16) 98 − 84

17) 96 − 22

18) 69 − 51

19) 86 − 24

20) 75 − 60

DAY 93

Name: Time: Score:

1) 81 − 10

2) 95 − 24

3) 94 − 22

4) 68 − 53

5) 66 − 41

6) 83 − 31

7) 86 − 20

8) 79 − 30

9) 79 − 24

10) 88 − 56

11) 77 − 43

12) 59 − 43

13) 86 − 61

14) 98 − 85

15) 35 − 11

16) 88 − 16

17) 75 − 23

18) 88 − 10

19) 95 − 83

20) 34 − 21

DAY 94

Name: Time: Score:

1) 96 − 22

2) 69 − 31

3) 79 − 50

4) 98 − 11

5) 90 − 70

6) 77 − 63

7) 47 − 34

8) 97 − 25

9) 38 − 15

10) 86 − 40

11) 79 − 54

12) 75 − 64

13) 97 − 20

14) 96 − 41

15) 89 − 60

16) 93 − 61

17) 97 − 53

18) 65 − 43

19) 73 − 50

20) 92 − 20

DAY 95

Name: Time: Score:

1) 86 − 24

2) 88 − 30

3) 96 − 65

4) 95 − 30

5) 89 − 16

6) 77 − 44

7) 81 − 50

8) 69 − 47

9) 99 − 46

10) 58 − 23

11) 97 − 10

12) 46 − 33

13) 79 − 64

14) 56 − 12

15) 97 − 42

16) 76 − 65

17) 93 − 21

18) 77 − 66

19) 89 − 60

20) 66 − 33

DAY 96

Name: Time: Score:

1) 89
− 14

2) 59
− 18

3) 89
− 33

4) 74
− 61

5) 89
− 58

6) 56
− 30

7) 86
− 54

8) 98
− 34

9) 38
− 12

10) 88
− 23

11) 49
− 26

12) 79
− 61

13) 75
− 62

14) 88
− 50

15) 87
− 46

16) 93
− 80

17) 48
− 23

18) 89
− 26

19) 89
− 68

20) 89
− 42

DAY 97

Name: Time: Score:

1) 81 − 10

2) 95 − 24

3) 94 − 22

4) 68 − 53

5) 66 − 41

6) 83 − 31

7) 86 − 20

8) 79 − 30

9) 79 − 24

10) 88 − 56

11) 77 − 43

12) 59 − 43

13) 86 − 61

14) 98 − 85

15) 35 − 11

16) 88 − 16

17) 75 − 23

18) 88 − 10

19) 95 − 83

20) 34 − 21

DAY 98

Name: Time: Score:

1) 76 − 45

2) 94 − 21

3) 89 − 63

4) 41 − 10

5) 38 − 14

6) 89 − 48

7) 88 − 60

8) 82 − 41

9) 88 − 11

10) 67 − 35

11) 64 − 23

12) 39 − 15

13) 78 − 44

14) 64 − 32

15) 87 − 36

16) 78 − 55

17) 43 − 10

18) 59 − 38

19) 67 − 20

20) 88 − 31

DAY 99

Name: Time: Score:

1) 89 − 14

2) 59 − 18

3) 89 − 33

4) 74 − 61

5) 89 − 58

6) 56 − 30

7) 86 − 54

8) 98 − 34

9) 38 − 12

10) 88 − 23

11) 49 − 26

12) 79 − 61

13) 75 − 62

14) 88 − 50

15) 87 − 46

16) 93 − 80

17) 48 − 23

18) 89 − 26

19) 89 − 68

20) 89 − 42

DAY 100

Name: Time: Score:

1) 96 − 72

2) 99 − 40

3) 65 − 10

4) 89 − 24

5) 69 − 17

6) 79 − 66

7) 47 − 31

8) 89 − 54

9) 97 − 83

10) 76 − 14

11) 86 − 41

12) 83 − 70

13) 98 − 25

14) 99 − 60

15) 99 − 83

16) 57 − 45

17) 69 − 13

18) 79 − 48

19) 59 − 47

20) 77 − 35

www.ingramcontent.com/pod-product-compliance
Lightning Source LLC
Chambersburg PA
CBHW080607220526
45466CB00010B/3281